Suresh Laudari

Impacto das alterações climáticas na disponibilidade de recursos hídricos na BASE DE GANGA

Suresh Laudari

Impacto das alterações climáticas na disponibilidade de recursos hídricos na BASE DE GANGA

ScienciaScripts

Imprint
Any brand names and product names mentioned in this book are subject to trademark, brand or patent protection and are trademarks or registered trademarks of their respective holders. The use of brand names, product names, common names, trade names, product descriptions etc. even without a particular marking in this work is in no way to be construed to mean that such names may be regarded as unrestricted in respect of trademark and brand protection legislation and could thus be used by anyone.

Cover image: www.ingimage.com

This book is a translation from the original published under ISBN 978-613-9-89177-1.

Publisher:
Sciencia Scripts
is a trademark of
Dodo Books Indian Ocean Ltd. and OmniScriptum S.R.L publishing group

120 High Road, East Finchley, London, N2 9ED, United Kingdom
Str. Armeneasca 28/1, office 1, Chisinau MD-2012, Republic of Moldova, Europe
Printed at: see last page
ISBN: 978-620-5-64966-4

Índice:

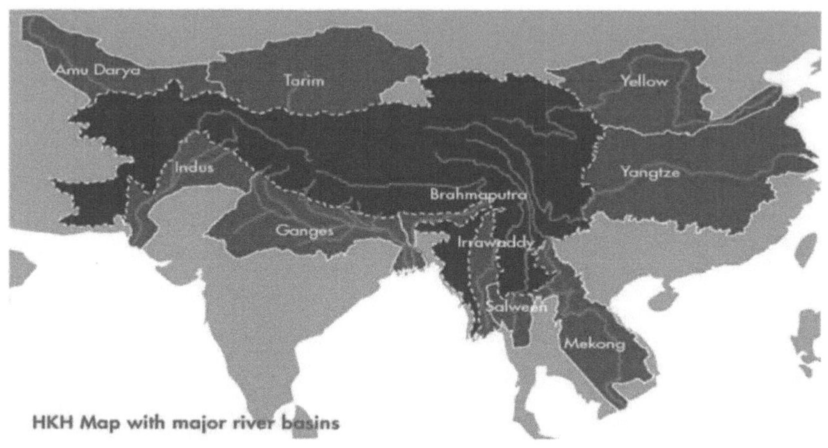

Impactos das alterações climáticas na disponibilidade de recursos hídricos na BASE DE GANGA SUL DA ÁSIA e opções de adaptação recomendadas

Irr Er. Suresh Laudari

M Sc Recursos Hídricos

Universidade e Centro de Investigação de Wageningen, Países Baixos, Research Fellow, Universidade de Kochi, Japão

Acronyms and Abbreviations

AR	Assessment Report
BAU	Business as Usual
CBOs	Community Based Organizations
CC	Climate Change
CCSM	Community Climate System Model
CRS	Climate Resilient Scenario
FAO	Food and Agriculture Organization
GCMs	Global Climate Models
GD	Gangetic Domain
GHG	Green House Gas
GJ	Giga Joule
GLOFs	Glacial Lake Outburst Floods
Ha.	Hectare
HDI	Human Development Index
HH	Household
ICIMOD	International Centre for Integrated Mountain Development
INGO	International Non Governmental Organization
IPCC	Intergovernmental Panel on Climate Change
ITCZ	Inter-tropical Convergence Zone
IWRM	Integrated Water Resources Management
Kg.	Kilogram
Km.	Kilometre
kW	Kilo Watt
kWh	Kilo Watt hour
m	Meter
MAS	Medium Adaptation Scenario
MT	Metric Ton
NAPA	National Adaptation Programme of Action
NEA	Nepal Electricity Authority
NEASM	Northern East Asian Summer Monsoon
NGO	Non Governmental Organization
NWI	North West India
PDD	Program Development Document

RCM	Regional Climate Model
sq. km	Square Kilometre
SST	Sea Surface Temperature
SA	South Asia
UN	United Nations
UNDP	United Nations Development Organization
UNISDR	United Nations International Strategy for Disaster Reduction

Capítulo 1

1. Introdução

O sistema hidrológico do Noroeste da Índia (NWI) e do Sul da Ásia baseia-se em dois fenómenos, a precipitação das monções no Verão e o crescimento/colagem da cobertura de neve e gelo nos glaciares dos Himalaias. Espera-se que as alterações climáticas (CC) alterem a dinâmica destes elementos da natureza, e que tenham um impacto profundo na cobertura de neve, nos glaciares e na sua hidrologia, nos recursos hídricos e na economia agrícola da península indiana, especialmente nas bacias perenes dos rios Ganges, Indus e Brahmaputra, onde a neve e os glaciares derretem uma grande parte destes rios. O Quadro 1 lista os rios importantes da bacia do Ganges e a sua descarga anual.

Rio	Rio		Bacia do rio			
Rio	Descarga média anual m³ /sec°	% de glaciares derretem no fluxo do rio[6]	Área da bacia (km²)	Densidade populacional (pers/km²)	População X1000	Disponibilidade de água (m³ / pessoa/ano)
Brahmaputra	21,261-	- 12	651,335	182	118,543	5,656
Ganges	12,037-	-9	1,016,124	401	407,466	932
Indus	5,533	até 50	1081,718	165	178,483	978

Quadro 1: Principais rios da região dos Himalaias - estatísticas da bacia (Fonte: ICIMOD)

O CC deverá ter um impacto a curto e longo prazo no sistema hidrológico.
1) A curto prazo, a descarga dos rios no norte aumentará devido ao derretimento da neve e dos glaciares.
2) A longo prazo, a neve e os glaciares terão derretido em grande parte e a sua contribuição para o fluxo dos rios irá diminuir.

O objectivo deste estudo é estudar o sistema Gangotri-Ganges e avaliar os impactos das alterações climáticas na disponibilidade e distribuição do recurso hídrico no Noroeste da Índia (NWI) centrando-se no sistema Gangotori-Ganges. Este sistema é altamente frágil devido à elevada densidade populacional que vive na bacia e à sua forte dependência do rio para a sua subsistência. Com base nas mudanças dos regimes hidrológicos como consequência das alterações climáticas, serão analisadas estratégias e opções de adaptação.

Bacia do Ganges: Instalação Hidro-Meteorológica

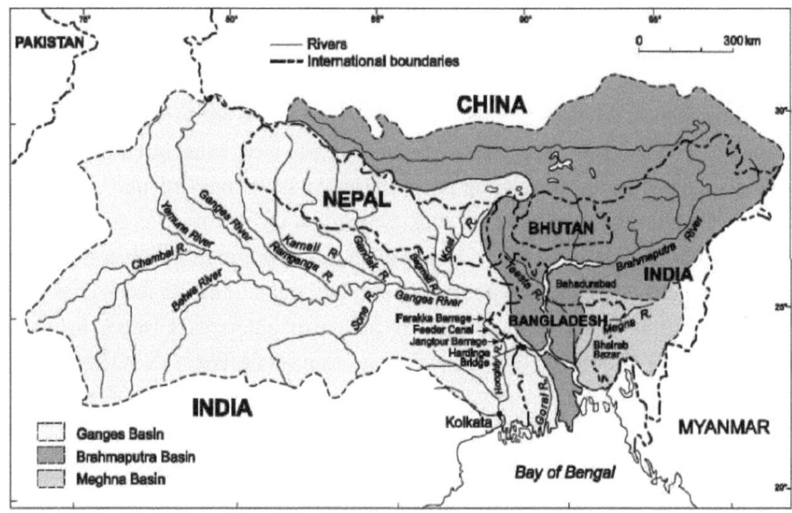

Figura 1: A Bacia do Ganges

A área da bacia do Ganges é de 109,5 milhões de hectares (ha) dos quais a Índia constitui 79% desta área, o Nepal 14%, o Bangladesh 4% (isto é equivalente a 32% do Bangladesh) e a China 3%, respectivamente. O rio desempenha um papel significativo na economia dos países da co-bacia. Estima-se que cerca de 451 milhões de pessoas (com base nos relatórios do censo de 2001 da China, Nepal, Índia e Bangladesh) estão directa ou indirectamente dependentes do rio Ganges. A principal nascente do rio Ganga é o Gangotri glaciar (elevação de 4.500 m) no Uttar Pradesh na Índia, mas tem muitos afluentes ao longo do seu percurso.

O rio divide-se em dois canais cerca de 4 km abaixo do Farakka. O braço principal esquerdo entra no Bangladesh **e articula Brahmaputra**, enquanto o braço direito continua até Calcutá. (Nota: A Barragem Farakka foi construída com o objectivo de desviar 1.134 m^3 /sec de água do rio Ganges para o rio Hooghly Bhagirathi para tornar o porto de Calcutá navegável).

Ao longo do seu curso, o Ganges salta de um gradiente para outro. Desde a sua origem até Hardwar, mantém um gradiente consideravelmente mais elevado de mais de 0,011. A partir deste ponto, o Ganges segue um gradiente moderado, digamos 0,001 a menos de 0,00006. Tal como os seus gradientes, a bacia do Ganges tem um clima diversificado (semi-árido a húmido) desde a origem até ao outfall. A precipitação média anual na bacia é de 1,070 mm. Na Índia, Nepal e Bangladesh, as precipitações médias anuais são de 908 mm, 1.860 mm e 1.568 mm, respectivamente. **Não existe informação sobre precipitação na parte chinesa (tibetana) da bacia.**

Capítulo 2

2. Clima em mudança

2.1 Temperaturas Elevadas

A AR4 do IPCC afirma que existe uma probabilidade de mais de 90% de que o aquecimento observado desde há 50 anos se deva ao aumento das emissões de GEE. As projecções de temperatura para o século 21st sugerem uma aceleração significativa do aquecimento em relação ao observado no século 20th (Ruosteenoja et al. 2003, IPCC AR4). *"Na Ásia, é muito provável que todas as áreas venham a aquecer durante este século. O aquecimento é menos rápido, semelhante ao aquecimento médio global, no Sudeste Asiático, mais forte no Sul da Ásia e na Ásia Oriental, e maior no interior continental da Ásia (Ásia Central, Ocidental, e do Norte). O aquecimento será significativo nas regiões áridas da Ásia e nos planaltos dos Himalaias, incluindo o Planalto Tibetano "*(Gao et al. 2003; Yao et al. 2006 IPCC AR4).

Com base na revisão bibliográfica, podemos concluir que as temperaturas no subcontinente indiano aumentarão entre 3,5 e 5,5° C até 2100, e no Planalto Tibetano entre 2,5°C até 2050 e 5°C até 2100 (Rupa Kumar et al. 2006 IPCC AR4).

Contudo, devido à topografia extrema e às reacções complexas ao efeito de estufa, mesmo modelos climáticos de alta resolução não podem dar projecções fiáveis das alterações climáticas nos Himalaias.

Vários estudos sugerem que o <u>aquecimento nos Himalaias tem sido muito superior à média global</u> de 0,74°C nos últimos 100 anos (IPCC 2007a; Du et al. 2004). Por exemplo, o aquecimento no Nepal tem sido progressivamente maior com a elevação e sugere que o aquecimento progressivamente maior com maior altitude será o fenómeno prevalecente (Figura 2).

Juntamente com o aumento da temperatura da superfície terrestre, a camada superior do Oceano Índico tem vindo a aquecer na camada superior de 100m. A temperatura registada à superfície do mar (SST) mostra que o aquecimento durante o período 1900-1970 foi fraco mas aumentou visivelmente durante o período 1970-1999 com alguma região a observar um aumento de mais de $0,2^0$ C por década. (Qian et al., 2003). As outras duas massas de água, o Mar Arábico e a Baía de Bengala, também mostram um aumento comparável da temperatura, como a representação da relação entre a Monção de Verão do Nordeste Asiático (NEASM) e El Nino utilizando o Modelo do Sistema Climático Comunitário (CCSM) com o Modelo da Atmosfera Comunitária - modelo terrestre comunitário versão 3 (CAM-CLM3). O resultado desta simulação foi alargado ao Oceano Índico, como mostra o círculo vermelho na figura 3.

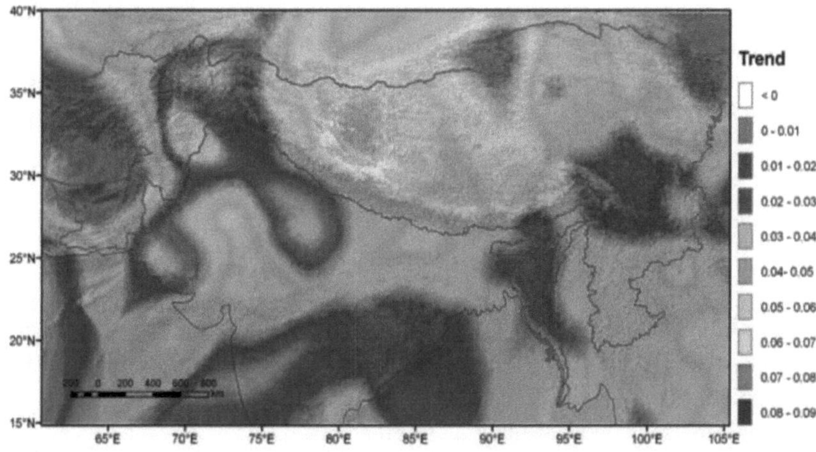

Figura 2: Distribuição espacial das tendências anuais de temperatura na região dos Himalaias para o período 1970-2000 (Fonte ICIMOD)

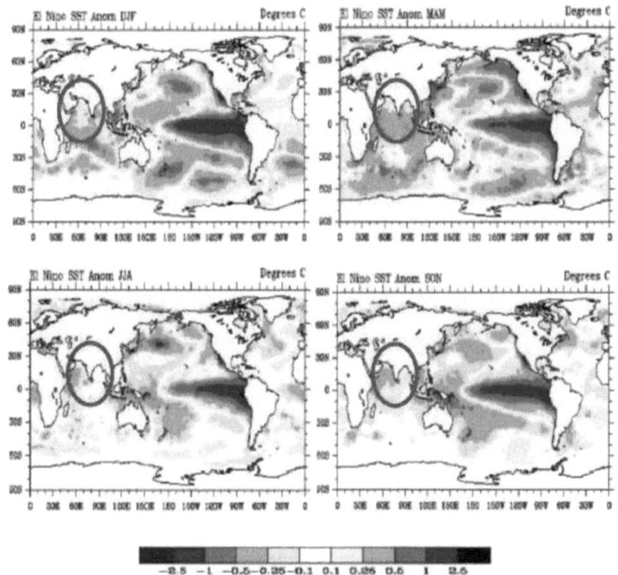

Figura 1 Anomalias SST projectadas (Fonte lee et. al. 2008)

2.2 Tendências de Precipitação

Estudos paleo-climáticos (núcleo de gelo do planalto tibetano) mostram que ocorreram períodos húmidos e secos no último milénio (Tan et al. 2008, Yao et al. 2008). De acordo com o IPCC "*Na região dos Himalaias, foram detectadas tendências tanto crescentes como decrescentes. Encontram-se tendências crescentes no Planalto Tibetano na região nordeste* (Zhao et al. 2004) *e nas partes oriental e central* (Xu et al. 2007)*, enquanto a região ocidental do Tibete apresenta uma tendência decrescente; o norte do Paquistão também apresenta uma tendência crescente* (Farooq e Khan 2004)*; o Nepal não apresentou nenhuma tendência a longo prazo de precipitação entre 1948 e 1994* (Shrestha et al. 2000; Shrestha 2004)".

Na AR4 é afirmado que se prevê uma diminuição da precipitação das monções em até 20% até ao final do século na maior parte do Paquistão e no sudeste do Afeganistão. Uma redução semelhante na precipitação é projectada para o planalto do sul e leste do Tibete e para a cordilheira central dos Himalaias.

Estão previstos aumentos na gama de 20 a 30% para a gama ocidental dos Himalaias Kunlun Shan e Tien Shan (Rupa Kumar et al. 2006).

Dois terços dos mil milhões de pessoas estão dependentes da agricultura ou de sectores relacionados. Esta dependência torna o sector agrícola altamente vulnerável. Outro problema climático iminente para a Índia é um resultado desta elevada dependência de terras agrícolas. Mais terra é irrigada para este fim, o que tem um efeito de arrefecimento regional sobre o subcontinente indiano, desempenhando um papel importante no ciclo hidrológico. Estudos de modelo conduzidos por Lohar e Pal 1995 **mostram um aumento do efeito de irrigação na precipitação pré-industrial das monções de Verão.** O aumento da humidade do solo enfraquece o desenvolvimento da circulação de gelo do mar e leva a uma diminuição das precipitações durante o período pré-monção. (Lee E. C., 2011) A figura 5 mostra o efeito da irrigação agrícola sobre a temperatura da superfície. A área de estudo mostra uma diminuição de aproximadamente 1^0 C de 19051925 e até -2^0 C a -3^0 C de 1980-2000. A irrigação tem o maior potencial para alterar directamente o clima quando pode aumentar significativamente a evapotranspiração, reduzindo a razão entre o aquecimento sensível e o latente.

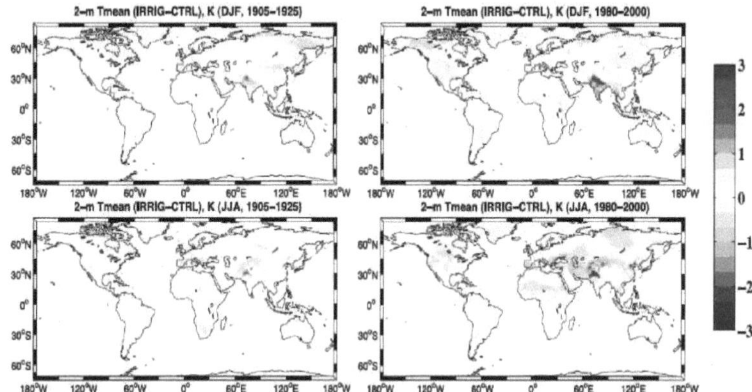

Figura 2 Mudança de temperatura induzida pela irrigação para o mês de Dezembro de Janeiro e Fevereiro fonte Puma et al.

Tal como acontece com a evapotranspiração e a cobertura de nuvens, as respostas de temperatura (Figura 5) e precipitação (Figura 6) geralmente escalam com a magnitude das entradas de água de irrigação. No início do século, o arrefecimento directo induzido por irrigação (1-2 K) está localizado principalmente nas regiões com maior irrigação e maior evapotranspiração: o subcontinente indiano (DJF) e a Ásia Central

(JJA). Contudo, a maioria da Ásia Oriental não arrefece significativamente, apesar das altas taxas de irrigação em DJF e JJA (excepto para porções do nordeste da China e Coreia). Este resultado é consistente com a descoberta anterior de que a evapotranspiração é limitada.

A figura 6 mostra a mudança na precipitação devido ao efeito de arrefecimento da irrigação. A diferença deste efeito é cerca de uma diminuição de 0,6-0,8 mm de precipitação por dia no mês de Junho, Julho e Agosto.

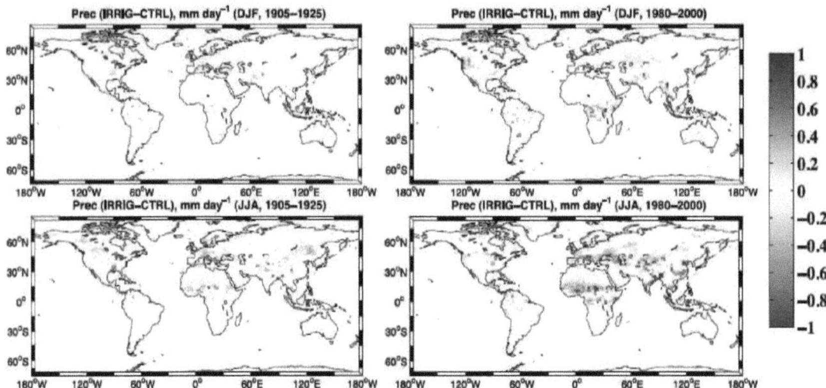

Figura 3 Mudança na média de precipitação mm/ dia no início do século 20th à esquerda e no final do século 20th à direita. Irrigação menos a corrida de controlo

2.2.1 A ZCI

A área em redor do equador chama-se Zona de Convergência Intertropical (ZCIT). Aparece como uma faixa de nuvens que circundam a terra perto do equador. Esta região recebe a radiação solar máxima que cria uma faixa de baixa pressão. Os impactos do aumento da temperatura na ZITC mostraram que esta tem vindo a deslocar-se constantemente após a pequena Era do Gelo. Durante 1650-1850, a ZITC não se tinha deslocado da região equatorial. O aumento da temperatura devido a perturbações antropogénicas resultou numa deslocação gradual de cerca de 5^0 N ou cerca de 455 km. Normalmente a ZITC flutua entre 3^0 N e 10^0 N, dependendo da época do ano. No entanto, a mudança não provocou qualquer impacto negativo evidente, que só pode ser atribuído a esta mudança. **As intrincadas dinâmicas da natureza estão todas interligadas, pelo que é muito difícil isolar os elementos da natureza e tirar conclusões.**

2.2.2 Monções

A pluviosidade é a variável mais importante das monções. O calor latente libertado durante a precipitação impulsiona a circulação atmosférica e desempenha um papel importante no ciclo hidrológico global e nos seus impactos socioeconómicos vitais. A monção global é um fenómeno causado pela inversão das circulações que está ligada a variações sazonais da precipitação das monções sobre a terra e oceanos adjacentes. (Trenberth et al., 2000). Envolve as Circulações de Hadley, a zona de convergência intertropical e a Circulação Walker.

A monção indiana começa em Junho e prolonga-se até Setembro. 75% da água necessária para a agricultura é recebida durante este período. <u>A chuva das monções indianas (IMR) é o resultado da deslocação da ZCI das regiões sobre o Oceano Índico para o sub-continente indiano.</u> As correntes quentes do oceano estão carregadas de humidade e à medida que viajam para o interior, libertam a humidade como chuva. Esta precipitação durante a monção mostra variações espaciais e temporais em grande escala. (Agnihotri, 2011). Com base em estudos observacionais de Kripalani e Kulkarni 1997a, os impactos de El Nino e La Nina são mais severos. A relação inversa que existia entre os eventos de El Nino e IMR antes de 1976 enfraqueceu devido às mudanças nas circulações atmosféricas em grande escala (Kumar et al., 1999; Krishnamurthy e Goswami, 2000; Sarkar et al., 2004). O SST tropical determina a força do ramo ascendente da Circulação de Hadley. Durante os anos El Nino, os TSTs são elevados aumentando a convecção deslocando o ITCZ e enfraquecendo a Circulação Walker e reforçando a Circulação de Hadley. Estas mudanças provocam a variabilidade da década na monção. (Gong e Ho,2002. Mu et al., Deser et. al.)

A mudança na gama média anual de precipitação (figura 7) entre 1976 e 2003 menos 1948-1975 na área de estudo as diferentes cores mostram a tendência crescente e decrescente na barra de espaço. Com base nesta parcela espacial, o sub-continente indiano mostra uma elevada variabilidade. As regiões brancas não mostram qualquer alteração, mas a bacia do Ganges e os Himalaias Orientais as diferentes tonalidades de verde mostram uma diminuição de 0,6 mm de precipitação durante esse período.

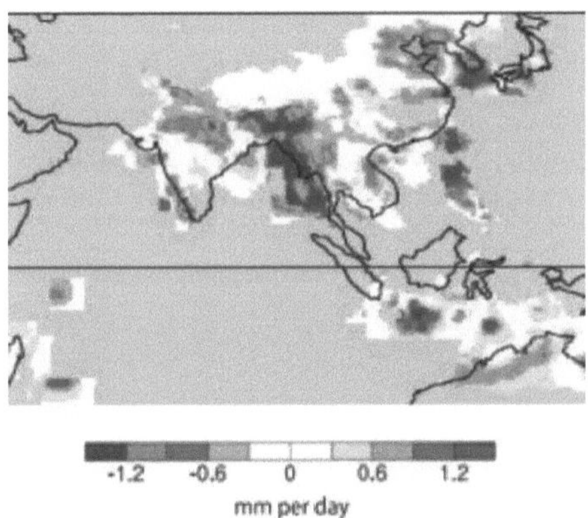

Figura 7 Mudança no intervalo médio anual de precipitação 1976-2003 menos 1948-1975 . Fonte Chen et al., 2002 Wang and Ding, 2006; IPCC 2007

2.2.3 Impactos da mudança no SST e ITCZ na monção indiana num futuro próximo.

Em muitas áreas, uma maior proporção da precipitação total parece estar a cair como chuva do que antes. Como resultado, a neve começa mais cedo e o Inverno é mais curto; isto afecta os regimes fluviais, os perigos naturais, o abastecimento de água e os meios de subsistência e infra-estruturas das pessoas, tais como a bacia do Ganges no subcontinente indiano. A extensão e saúde das zonas húmidas de grande altitude, os fluxos de água verde dos ecossistemas terrestres, reservatórios, e o fluxo de água e transporte de sedimentos ao longo dos rios e nos lagos são também afectados.

Da revisão bibliográfica realizada para analisar os regimes hidrológicos, é evidente que é muito difícil prever com exactidão as futuras mudanças nos regimes hidrológicos. A incerteza em torno da precipitação global, quanto mais a projecção regional, é impossível. O aumento da temperatura global é sistemático e se compararmos a variabilidade histórica com a tendência actual, podemos observar que a relação sinal/ruído da temperatura é muito elevada. Isto significa que a temperatura tem aumentado constantemente para além da variabilidade histórica. Em caso de precipitação, a relação sinal/ruído é baixa, o que significa que as alterações na precipitação ainda se encontram dentro da variabilidade histórica. Isto torna difícil fazer projecções fiáveis. Considerando todos os factos observados na revisão bibliográfica. Podemos concluir que as medidas de adaptação devem ser tanto para as secas sazonais que resultam numa diminuição do caudal do rio durante a estação seca, como em aumentos abruptos do volume do rio devido à precipitação torrencial e errática durante a monção. O aquecimento da temperatura da superfície do mar no Oceano Índico resultou no enfraquecimento do gradiente meridional, que é vital para as monções indianas. (Chung, C. D. e Ramanathan 2006)

2.2.4 Retiro Glaciar

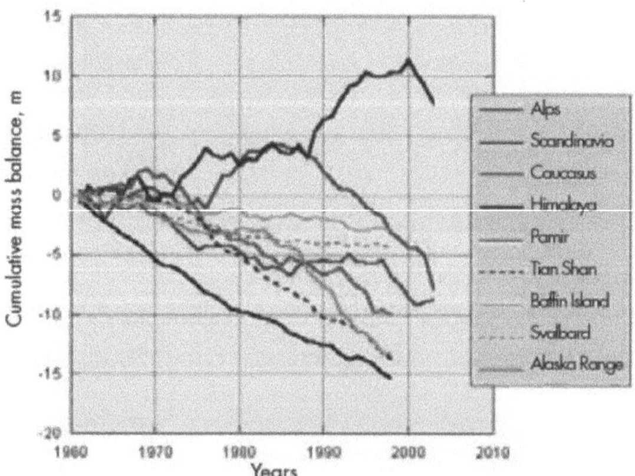

Figura 8: Rápida retirada dos grandes glaciares dos Himalaias em comparação com a média global

Os glaciares dos Himalaias estão hoje a retroceder mais rapidamente do que a média mundial (Dyurgerov e Meier 2005) (Figura 8). Na última metade do século 20th , 82% dos glaciares na China ocidental recuaram (Liu et al. 2006). No Planalto Tibetano, a área glaciar diminuiu 4,5% nos últimos vinte anos e 7% nos últimos quarenta anos (ICIMOD mudando Himalaias) indicando uma maior taxa de retrocesso. (Ren et al. 2003). A taxa de decréscimo é aqui avaliada: *"diminuição da precipitação em combinação com o aumento da temperatura". O encolhimento dos glaciares irá acelerar se o aquecimento e secagem climática continuarem"* (Ren et al. 2003).

AR4 afirma que existe uma grande confiança de que nas próximas décadas muitos glaciares da região irão recuar, enquanto que os glaciares mais pequenos poderão desaparecer por completo. Muitas tentativas para modelar mudanças na cobertura de gelo e descarga de

O derretimento glacial tem sido feito assumindo diferentes cenários de alterações climáticas. <u>Conclui-se que com um aumento de 2°C até 2050, 35% dos glaciares actuais desaparecerão e o escoamento aumentará, atingindo um pico entre 2030 e 2050</u> (Qin, 2002).

O recuo nos glaciares pode desestabilizar as encostas circundantes e pode dar origem a deslizamentos catastróficos (Ballantyne e Benn 1994; Dadson e Church 2005), que podem represar riachos e por vezes levar a inundações. Águas de fusão excessiva, muitas vezes em combinação com precipitação líquida, podem desencadear cheias repentinas ou fluxos de detritos. No Karakoram, há provas crescentes de que os deslizamentos catastróficos de rochas têm uma influência substancial sobre os glaciares e podem ter desencadeado surtos glaciares (Hewitt 2005).

Capítulo 3

3. Glaciar Gangotri

Um dos maiores glaciares dos Himalaias, Gangotri tem origem a 7.100 metros acima do nível do mar e desce até uma altura de 4.000 metros, cobrindo cerca de 143 km^2 no norte e leste da Índia. O seu volume estimado é de 27,75 km^3 .

No entanto, o comprimento e o volume dos glaciares não são estáveis. Estão dependentes do equilíbrio de massa e, portanto, do clima. Períodos de balanço de massa positivo resultam em crescimento dos glaciares, períodos de balanço de massa negativo resultam em recessão.

O glaciar Gangotri tem a sua origem em campos de neve. Em direcção à extremidade inferior, toma o aspecto de um fluxo de lama, devido às rochas e detritos que correm com o glaciar e são enterrados nos campos de neve. Ao longo dos anos, estas rochas e detritos, chamados morenos, elevaram-se e tornaram-se paredes naturais altas nos lados do vale do glaciar, através das quais o rio esculpe desfiladeiros profundos. A maioria destas morenas foi depositada quando o glaciar atingiu o seu auge no período do Pleistoceno.

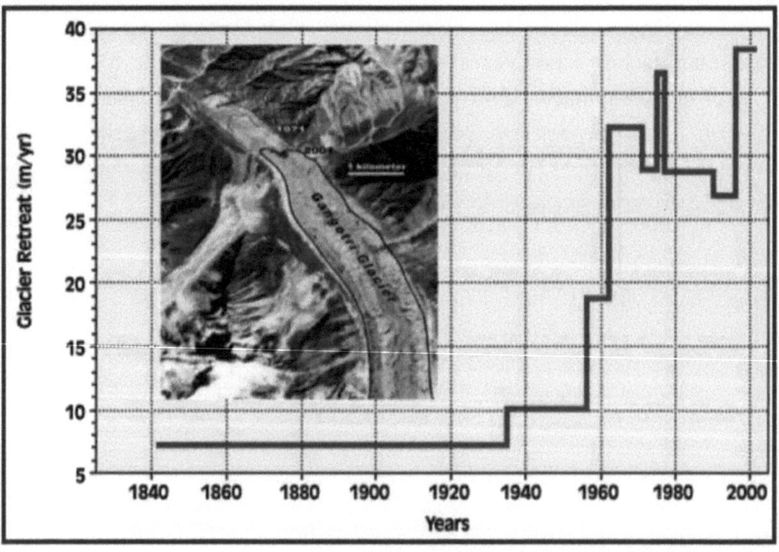

Figura 9: Aumento da taxa de retirada do Gangotri (Fonte NASA)

Devido à recente recessão, as paredes laterais desenvolveram superfícies internas expostas e uma superfície externa em muitas partes foi pressionada em direcção ao lado da parede do vale. Estão cobertas de rododendro arbustivo ou zimbro. Devido à diminuição do volume de gelo glaciar durante o período recente, surgiram fendas na superfície interna exposta.

As paredes laterais naturais foram sujeitas a uma forte erosão e os geólogos receiam que, ao ritmo acelerado da recessão, o glaciar fique sem qualquer apoio e se desintegre muito em breve em diferentes direcções. As razões para esta erosão e recessão são muitas. As paredes laterais naturais retêm mais água no seu solo e são, portanto, mais fortemente arborizadas do que a área circundante. São estas árvores que estão a ser abatidas a um ritmo alarmante sem qualquer controlo ostensivo por parte do governo estatal do Uttaranchal.

Capítulo 4

4. Modelação do Clima Asiático; Corrente e Futuro: os Cenários do Meio-dia-Alto

HighNoon é um projecto em curso, que visa avaliar o impacto do recuo dos glaciares dos Himalaias e possíveis mudanças da monção de Verão indiana na distribuição dos recursos hídricos no Norte da Índia. O projecto visa ainda desenvolver cenários para padrões de neve e monções, com base em simulações climáticas regionais melhoradas e fornecer recomendações para estratégias de adaptação adequadas e eficientes a eventos hidrológicos extremos através de um processo participativo...

Abaixo é apresentada uma síntese do conjunto de simulações de climas regionais para o programa HighNoon.

Ensemble (corre???)

Dentro deste projecto, grupos de peritos (até agora encontrados na literatura como o único estudo com este domínio) analisaram os resultados da simulação de **Quatro Modelos Climáticos Regionais** (RCM) de acordo com o cenário SresA1B. O conjunto consiste em dois RCMs (HadRM3-PRECIS e REMO), impulsionados por duas simulações de GCMs (HadCM3Q0 e ECHAM5). O RCM utilizou meios mensais e diários de 13 parâmetros.

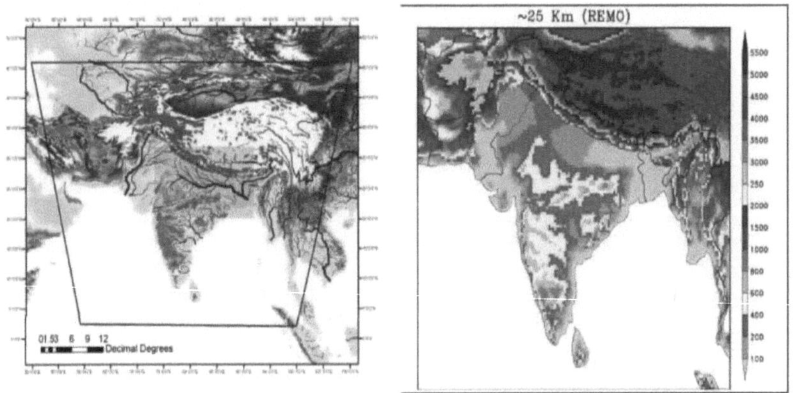

Figura 10: Painel esquerdo, domínio utilizado para o modelo HadRM3 do clima regional da região (caixa azul). A região sombreada é a sub-área do Ganges considerada no estudo. O painel direito mostra a topografia REMO.

Capítulo 5

5. Projecções:

Os modelos foram calibrados relativamente aos dados adquiridos entre o período 1989-2009. Simulações na região do Ganges mostraram um aumento de temperatura de 1,5 °C para 2031-2050. A subida de temperatura projectada globalmente durante o mesmo período é de aproximadamente 1 °C, o que implica que a região do Ganges está a aquecer mais rapidamente do que a média global. A maior taxa de aquecimento ocorre geralmente na região montanhosa e está provavelmente relacionada com a mudança do albedo de superfície devido à reduzida duração da neve (Figura 11).

"As mudanças projectadas na **precipitação são mais incertas com os RCMs conduzidos pelo ECHAM5 sugerindo que não há sinal global na precipitação contra uma grande variabilidade natural** *(Figura 13 e 14)"* (Relatório de entrega da tarde 1.3).
Os RCMs conduzidos por HadCM3 sugerem um aumento da precipitação. Em geral, a relação sinal/ruído para precipitação é baixa, o que torna muito difícil identificar o sinal climático em percursos relativamente curtos (1989-2050). Por isso, foi impossível obter um mínimo de estatísticas sumárias para este curto período. Para ultrapassar isto, as corridas modelo foram prolongadas para além do limiar de 2050, e no caso do REMO as simulações foram iniciadas a partir de 1970 (onde havia dados disponíveis).
A Figura 15 e a Tabela 5 apresentam as simulações REMO com a duração de 30 anos relativamente a 1970 a 2000.

RCM GCM	HadRM3- PRECIS	REMO
HadCM3Q0	1.7 °C	1.45 °C
ECHAM5	Ainda não disponível	1.7°C

Quadro 4: Variação prevista da temperatura média anual (K) para 2031-2050 em relação a 1989 2009.

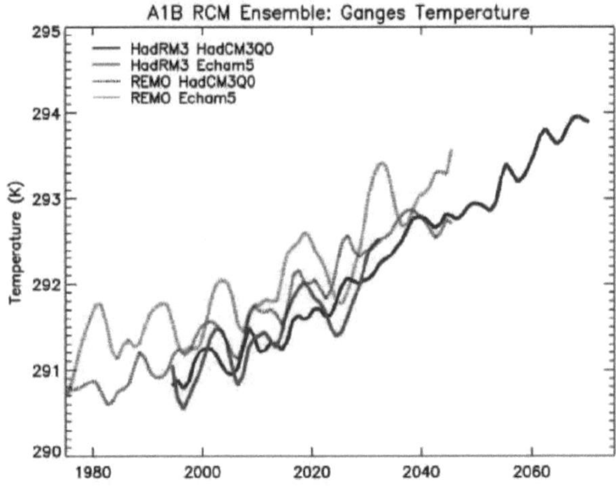

Figura 10: Projecções de temperatura média da área do conjunto RCM para a região do Ganges (apenas de terra). As curvas são alisadas Gaussianas de 10 anos.

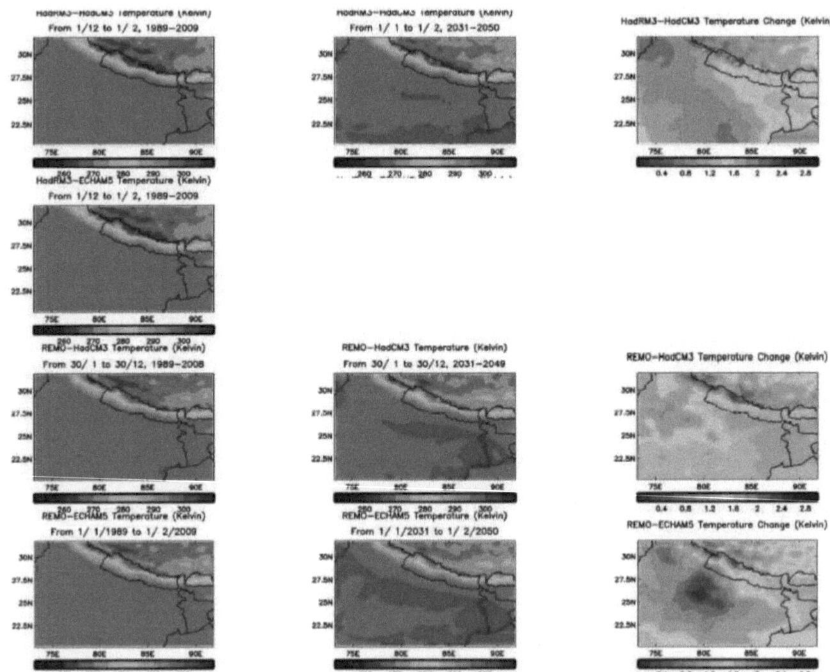

Figura 11: Simulação de temperatura e mudança de temperatura do conjunto RCM para o Cenário SRES A1B.

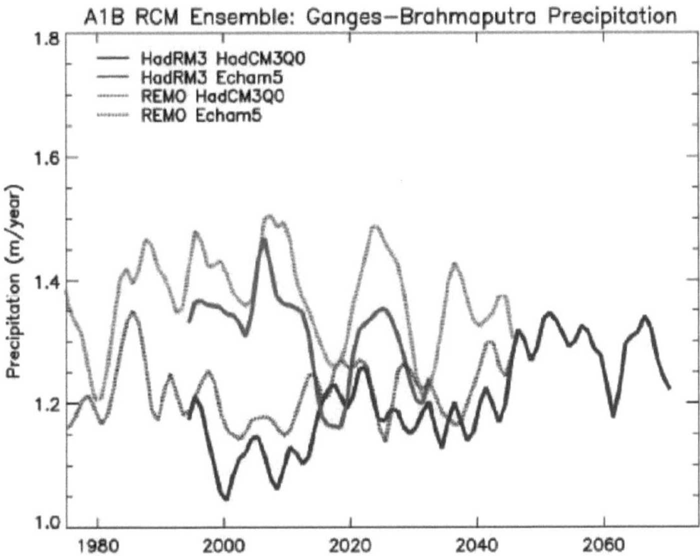

Figura 13: Projecções de precipitação média da área do conjunto RCM mascarado para a região do Ganges (apenas terra). As curvas são alisadas Gaussianas de 10 anos

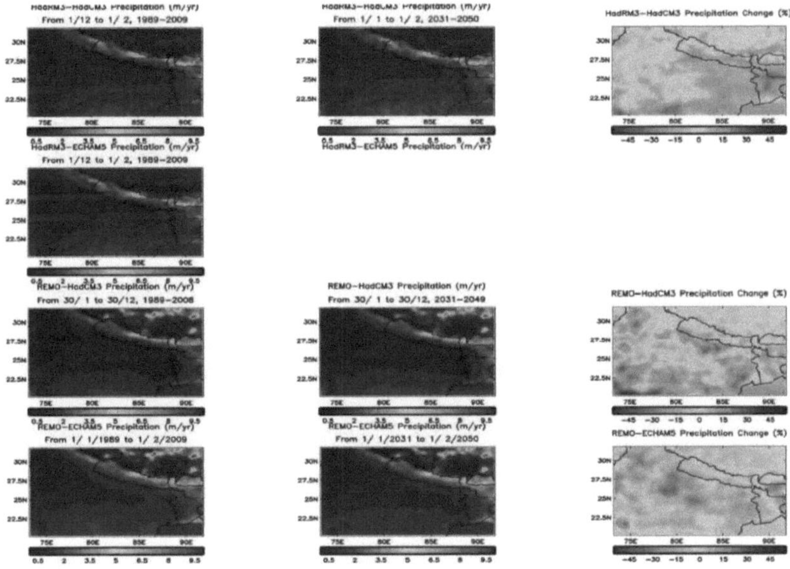

Figura 14: Precipitação simulada e mudança de precipitação do conjunto RCM para o Cenário SRES A1B

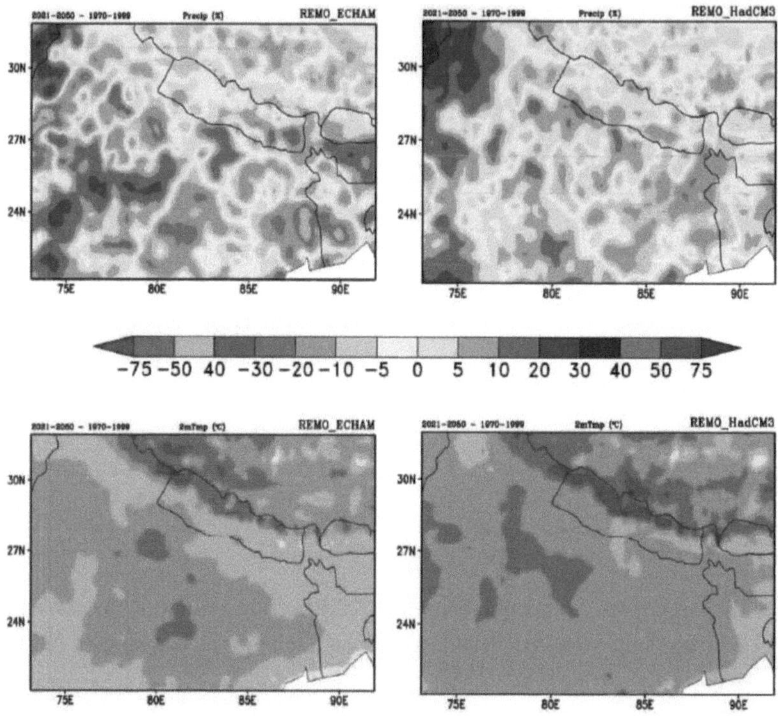

Figura 15: Padrão espacial de precipitação média anual e temperatura de 2m no domínio do Ganges durante duas fatias temporais 2001 a 2020 (painéis da esquerda) e 2021 a 2050 (painéis da direita) em relação ao controlo do clima 1970-1999 para as duas simulações REMO. Os painéis superiores representam a precipitação e as temperaturas inferiores.

	Diferença relativa de precipitação (%) (Pele - Ctrl)*100/Ctrl		Temperatura (°C)	
	(2001-2020) - (1970 1999)	(2021-2050) (1970 1999)	(2001-2020) - (1970 1999)	(2021-2050) - (19701999)
ECHAM	3.19	5.13	0.46	1.36
HadCM3	5.61	5.24	0.46	1.45
GCM Ensemble	4.83	5.47	0.46	1.38
REMO ECHAM	0.95	0.9	0.62	1.52
REMO HadCM3	-2.29	1.04	O. "5	1.67
REMO Ensemble	-0.42	0.96	0.68	1.6

Quadro 5: Estatísticas sumárias do modelo REMO relativas ao período 1970-1999.

A projecção do conjunto do IPCC sob os modelos de cenário A1B, um aumento global da precipitação média anual no Sul da Ásia (SA) e no domínio do Gangestic (GD). A principal concordância entre GCMs é sobre as principais partes da faixa Indo-Gangetica e Himalaia onde 75% dos modelos projectam um aumento da precipitação média anual e quase 30% sugerem um decréscimo sobre o Noroeste da Índia (Figura 16, IPCC2007). As simulações de GCMs do IPCC controlam a temperatura fria sobre SA mas mais quente sobre GD, enquanto que a temperatura projectada à superfície sugere um clima mais quente.

A simulação projecta a superfície terrestre ficando relativamente mais quente do que o Oceano Índico e por causa disso haverá uma melhoria do contrato térmico terrestre marítimo no Verão e mais fraco no Inverno.

"A circulação dinâmica da monção é susceptível de enfraquecer sob A1B o cenário de aquecimento no final do século XXI (Ashrit et al. 2003, Ueda et al. 2006) *mas o aumento da forçagem dos GEE e o consequente aumento da temperatura leva a maiores fluxos de humidade e, consequentemente, a mais precipitação".*

Apenas 6 dos 18 IPCC foram capazes de captar a correlação padrão de precipitação e apresentar menor diferença quadrada média de raiz com observações sobre SA e também sobre um domínio de monção maior (25S - 40N & 40E - 180E). Kripalani et al. (2007) na sua análise do IPCC AR4 22 GCMs sobre SA (5N - 35N & 65E - 95E) relataram que apenas 7 modelos foram capazes de captar o ciclo médio anual, forma e magnitude próximos das observações. Os ciclos anuais de precipitação de alguns modelos seleccionados são semelhantes aos observados, mas apresentam enviesamentos quantitativos espaciais substanciais.

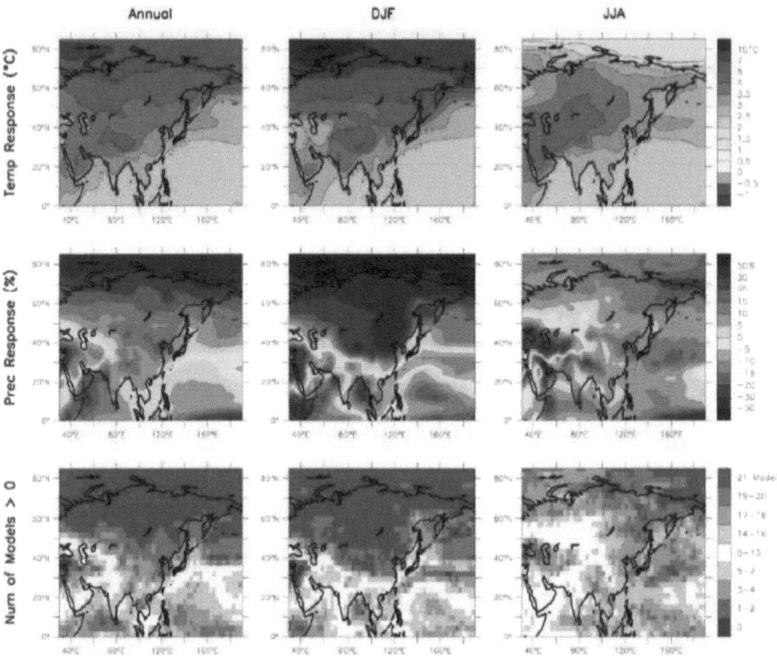

Figura 16: Alterações de temperatura e precipitação na Ásia a partir das simulações MMD-A1B. Top Row: média anual, variação de temperatura DJF e JJA entre 1980 a 1999 e 2080 a 2099 mais de 21 modelos. Fila do meio: igual à do topo, mas para mudanças fracionárias na precipitação. Fila inferior: número de modelos em 21 que o projecto aumenta na precipitação. Fonte: IPCC AR4 WG1 capítulo 11

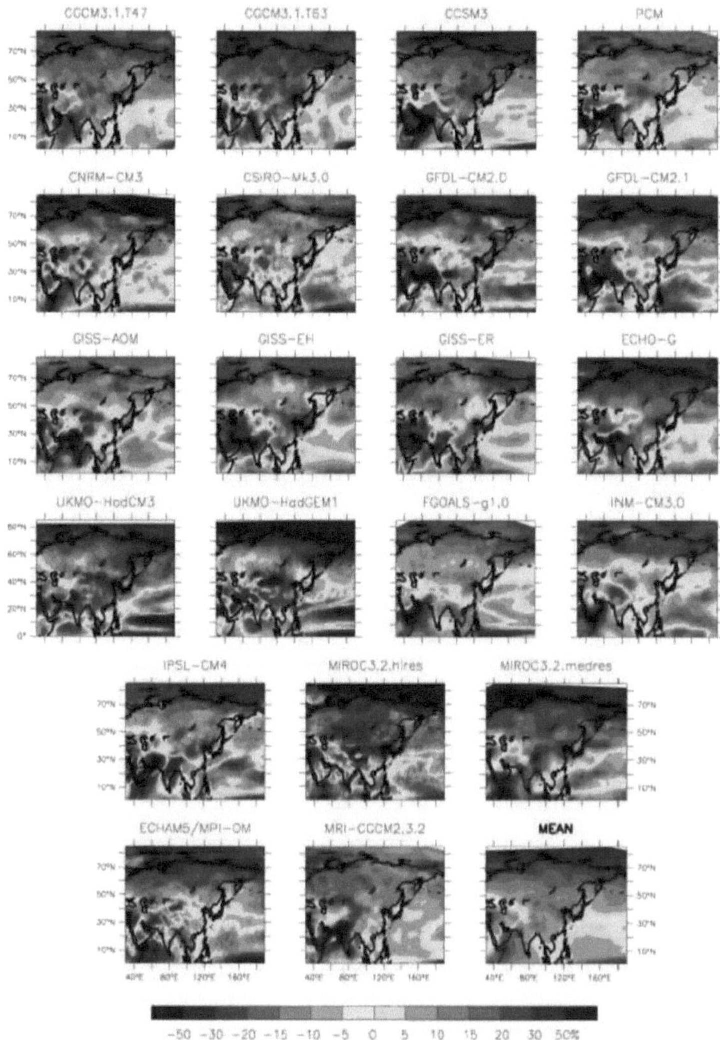

Figura 17: Variação percentual da média anual em cada um dos 21 AOGCMs 2080-2099 separados relevantes para 1980-1999 no cenário SRES A1B1

A figura 17 é uma figura do IPCC **que mostra a grande incerteza** na mudança de precipitação média anual ao longo do século 21st nos conjuntos AR4. Os resultados são contraditórios: de facto, alguns modelos mostraram um aumento enquanto outros modelos indicam uma diminuição da precipitação sobre o Ganges. A incerteza está relacionada com alterações simuladas no fluxo dinâmico sobre a região (o aumento do fluxo aumenta geralmente a precipitação na região e diminui vice-versa) bem como um efeito termodinâmico onde o ar mais quente contém e transporta mais humidade.

" Existe uma enorme incerteza na resposta dinâmica dos GCMs na região indiana, e em alguns casos estes modelos não simulam bem o fluxo dinâmico actual. Por conseguinte, nem todos os modelos podem ser considerados iguais na sua capacidade de simular uma mudança na precipitação regional".

A figura 16 resume os modelos AR4, e mostra que há pouco ou nenhum acordo na precipitação de Inverno sobre o Ganges, com uma ligeira tendência para verões mais húmidos.

Até agora temos visto que ainda existem muitas incertezas nas simulações do clima actual, por exemplo na variabilidade da precipitação para o sudeste asiático e nas representações das oscilações em grande escala, tais como a Oscilação Madden-Julian (MJO) e a Oscilação El Nino do Sul (ENSO). No sul da Ásia (SA), estão disponíveis vários estudos de GCMs com enfoque na região das monções indianas (que abrange o domínio do Ganges - GD) **e a maioria deles concluiu que os GCMs têm dificuldades em simular o clima médio das monções da SA.**

Os GCMs, claro, devido à sua resolução de curso 200-300Km mostram limitações na simulação da precipitação orográfica complexa sobre a Índia.

Os resultados, sob a forma de variáveis climáticas espaciais e temporais variáveis, das simulações dos Modelos Regionais foram fornecidos dentro do objectivo de **avaliar um Modelo Hidrológico** que actualmente (Abril de 2011) ainda se encontra em construção.

Vários problemas estão a enfrentar a construção de um modelo. Por exemplo, os dados hidrológicos e glaciológicos disponíveis são escassos nos Himalaias indianos. A estrutura tridimensional e o volume de gelo são conhecidos apenas pelo pequeno Dokriani Bamak. A descarga de bacias altamente glaciarizadas tem sido medida em Dokriani e no glaciar muito maior Gangotri durante cerca de 20 e 5 anos, respectivamente.

6. A necessidade de incluir um Modelo Hidrológico

Vários estudos foram de qualquer forma avaliados antes deste projecto.

Singh e Bengstsson (2004) aplicaram o uso de um modelo hidrológico conceptual para investigar a sensibilidade da disponibilidade de água à CC para um grande rio ocidental dos Himalaias (o rio Satluj) que recebe contribuições da chuva, da neve e do escoamento do degelo glacial.

Os modelos hidrológicos são considerados ferramentas adequadas para avaliar os impactos das alterações climáticas e para avaliar as consequências hidrológicas regionais resultantes das alterações de temperatura e precipitação e outras variáveis climáticas.

"A capacidade dos modelos hidrológicos de incorporar variações projectadas nas variáveis climáticas, algoritmos de queda de neve e de neve, flutuações das águas subterrâneas e características de humidade do solo torna-os especialmente atractivos para estudos de alterações climáticas dos recursos hídricos"(Sing & Bengstsson, 2004)

Além disso, tais modelos podem ser combinados com cenários hipotéticos plausíveis de alterações climáticas para gerar informação sobre as implicações das futuras alterações climáticas nos recursos hídricos. Singh e Bengstsson utilizaram um modelo conceptual de cinto-neve (SNOWMOD) para avaliar o impacto do aquecimento global, modelando o cinto-neve, o escoamento da chuva, as perdas por evaporação e o escoamento de base da bacia de Satluj.

O fluxo dos rios dos Himalaias consiste em contribuições do derretimento da neve e do gelo, e do escoamento induzido pela chuva. Os dados sobre precipitação, temperatura e caudal dos rios, como já foi dito, são escassos. Um modelo hidrológico, que pode manusear eficientemente tanto a neve como a precipitação utilizando dados limitados, é mais adequado para as bacias dos Himalaias.

No presente estudo, foi desenvolvido e aplicado um modelo conceptual de cintura de neve (SNOWMOD) para simulação do fluxo diário da bacia do rio Satluj, que tem em média cerca de 60% de contribuição da neve e dos glaciares (Singh e Jain, 2002). Detalhes dos requisitos de entrada e estrutura do modelo de vários modelos existentes mostram que, para além das mudanças na estrutura interna dos modelos para o cálculo do escoamento da neve e da precipitação e encaminhamento destes componentes para a saída da bacia, há uma grande diferença na sua entrada dados relacionados com a informação sobre a neve. A maioria dos modelos de neve utiliza dados relativos à queda de neve como entrada para o cálculo de dados sobre a neve, mas alguns utilizam dados sobre a área coberta de neve (SCA) como entrada em vez de dados sobre a queda de neve. A disponibilidade de dados sobre quedas de neve nas bacias dos Himalaias é muito deficiente devido a redes inadequadas nas regiões de alta altitude com terreno acidentado e inacessibilidade às altitudes mais elevadas. Em tais condições, os dados de SCA devem ser utilizados no modelo de neve. Assim, as entradas básicas para SNOWMOD são temperatura, precipitação pluviométrica e SCA.

O fluxograma do modelo é apresentado na figura. 18

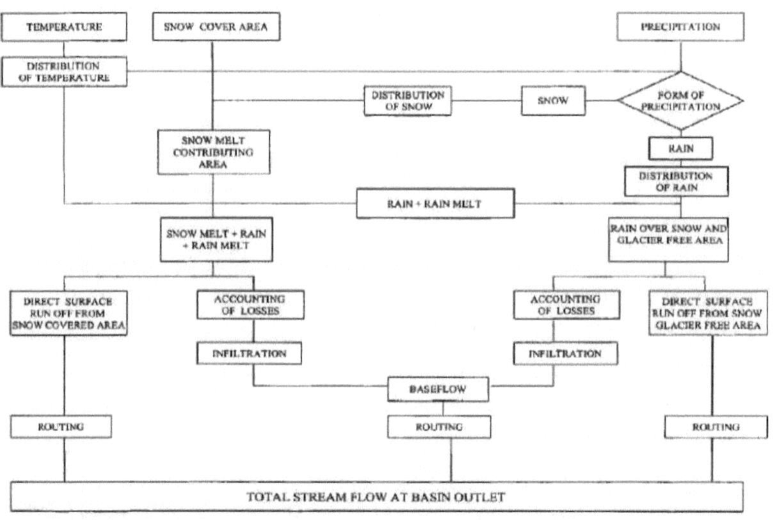

Figura 18:Esquematização de um modelo hidrológico conceptual

O modelo desenvolvido foi calibrado para a bacia de estudo utilizando dados de 3 anos (1985-86 a 1987-88). Após a calibração do modelo, o modelo foi utilizado para simular o fluxo diário utilizando dados independentes durante 6 anos (1988-89 a 1990-91 e 1996-97 a 1998-99), mantendo os parâmetros do modelo inalterados. A eficiência global do modelo, variância explicada, R^2 (Nash e Sutcliffe, 1970) durante o período de estudo de 9 anos foi de 0,90, e a diferença no volume de fluxo computado e observado foi de 3,3%.

Algumas simulações foram feitas para diferentes cenários de temperatura e pluviosidade.

Os resultados são apresentados no quadro 6 como exemplo (o rio Satluj é um afluente do rio Indo e não diz respeito à bacia do Ganges)!

Cenário climáticoii	Mudança na anual moff snowmelt n Volume (dias acumulados)	Diferença (%)	Mudança na uiual pluviosidade ai rur toff Volume (dias acumulados)	Diferença (%)	Mudança na ai ·muai streamflo W Volume (dias acumulados)	Diferença (%)
$T+0, P+0$	RS6345	—	2113	—	11879	—
$T+1, P-10$	5996	-5-5	1710	-191	10840	-88
74-1, P-5	6011	-53	1585	-11-7	11096	-6-6
$T+1, P+O$	6027	-50	2067	-2-2	11423	-3-8
$r+1, P+5$	6042	-48	2240	60	11705	-15
$T+1, P+10$	6057	-45	2414	14-3	11987	0-9
$T+2, P-10$	5931	-65	1621	-23-3	10646	-10 4
$T+2, P-5$	5947	-63	1783	-15 6	10945	-8-2
$T+2.P+0$	5960	-61	1956	-74	11187	-5-9
$T+2, P+5$	5974	-5-8	2127	0-7	11465	-3-5
$T+2, P+10$	5990	—56	2318	9-7	11777	-0-9
$T+3, P-10$	5990	-5 6	1508	-28-7	10575	-110
$T+3, P-5$	6002	-54	1655	-21-7	10817	-8-9
$T+3, P+0$	6019	—51	|1837	-131	11118	-64
$T+3, P+5$	6031	-49	2021	-4-3	11409	-40
$T+3, P+10$	6045	4-7	2197	3-7	11686	-16

Quadro 6. Efeito da variação de temperatura e precipitação no escoamento anual da neve, escoamento pluviométrico e fluxo total do riacho durante um período de 9 anos (1985-86 a 1990-91 e 1996-97 a 1998-99). As variações de temperatura e precipitação estão em °C e percentagem, respectivamente; RS denota o cenário de referência.

Capítulo 7

7. Opções, estratégias e medidas de adaptação

De acordo com a Estratégia Internacional para a Redução de Desastres das Nações Unidas (UNISDR), em 2007, sete das dez maiores catástrofes naturais por número de mortes ocorreram na bacia do Ganges (ICDMOD, 2010). Isto indica não só a prevalência de desastres na região, mas também a susceptibilidade da região a tais eventos. As alterações climáticas envolvem, talvez mais seriamente, alterações na frequência e magnitude de eventos climáticos extremos. Há um consenso generalizado de que o aquecimento global está associado a flutuações extremas, particularmente em combinação com a intensificação das circulações das monções. A falta de dados frequentemente observada na região dificulta uma avaliação abrangente das mudanças em eventos climáticos extremos. Os estudos disponíveis sugerem mudanças nos padrões climáticos e um aumento dos eventos extremos. Tem sido relatado um aumento na frequência de chuvas de alta intensidade que frequentemente levam a inundações e deslizamentos de terras (Chalise e Khanal, 2001; ICIMOD, 2007a).

No Himalaia oriental e central, o derretimento glacial associado às alterações climáticas, levou à formação de lagos glaciares atrás de morenas terminais. Muitos destes lagos de alta altitude são potencialmente perigosos. As barragens de moraine são comparativamente fracas e podem romper-se subitamente, levando à descarga de enormes volumes de água e detritos. As inundações glaciares resultantes (GLOFs) podem causar inundações catastróficas a jusante, com graves danos à vida, propriedade, florestas, quintas e infra-estruturas. No Nepal, vinte e cinco GLOFs foram registados nos últimos 70 anos, incluindo cinco nos anos sessenta e quatro nos anos oitenta (Mool, 2001; NEA, 2004; Yamada, 1998). Há uma indicação de que a frequência dos eventos GLOF tem aumentado nas últimas décadas (Figura 4). Na região de HKH, duzentos e quatro lagos glaciares foram identificados como lagos potencialmente perigosos, que podem rebentar a qualquer momento.

Muitas pessoas rurais em todo o mundo ainda seguem estilos de vida tradicionais e são altamente dependentes dos recursos naturais para a sua subsistência. Estas pessoas serão directamente afectadas pelos impactos das alterações climáticas nos recursos naturais e pelo aumento esperado das catástrofes naturais. Isto é particularmente verdade para as pessoas que vivem na região Hindu Kush-Himalayan, já pobres e marginalizadas da corrente dominante, e que cultivam terras marginais numa região frágil. Os efeitos adversos das alterações climáticas já são perceptíveis nos Himalaias

Hindu Kush-Himalayas e estão a afectar os recursos, especialmente a água, dos quais as comunidades de montanha dependem. Há uma necessidade urgente de ajudar as comunidades a adaptarem-se às mudanças prevalecentes e esperadas, a fim de assegurar a sua subsistência. Para o fazer eficazmente, é necessário desenvolver uma melhor compreensão das mudanças prováveis e de como estas afectarão os meios de subsistência, bem como o conhecimento das abordagens de adaptação desenvolvidas ao longo dos anos para a sobrevivência nesta região desafiante, e dos mecanismos que as pessoas já estão a utilizar para lidar com a variabilidade e mudança climática. Será então possível desenvolver e apoiar abordagens de adaptação que se baseiem nos pontos fortes e conhecimentos existentes para aumentar a resiliência das comunidades de montanha.

7.1 Abordagens de medida de Adaptação:

Há uma consciência crescente de que as medidas de adaptação não só devem ser desenvolvidas parâmetros sectoriais individuais, mas que é necessária uma abordagem mais integrada. Para tal, é necessário seleccionar os sectores relevantes e investigar potenciais medidas em todas as escalas relevantes. Não só o impacto na dimensão da segurança da água (quantidade e qualidade) será estudado, mas também as questões socioeconómicas, os ecossistemas de saúde e, em particular, a capacidade adaptativa serão incorporados nas nossas análises.

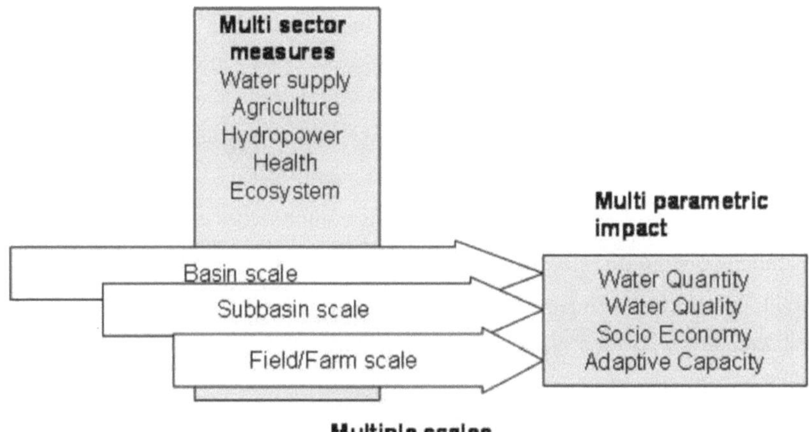

Figura 19: Consideração e integração de dimensões relevantes no desenvolvimento de medidas de adaptação

A complexidade da situação no Sul da Ásia e no Norte da Índia e a quantidade de lacunas de conhecimento requer, nesta fase, uma consideração implícita do estatuto da Saúde e do Ecossistema. Estes sectores serão considerados como condições de fronteira, e os resultados de potenciais medidas nos sectores do abastecimento de água, energia hidroeléctrica e agricultura serão investigados de forma correspondente sobre o seu impacto. No entanto, as medidas de acompanhamento no domínio do desenvolvimento sanitário e da protecção dos ecossistemas serão encontradas durante a elaboração participativa das medidas e consideradas no resumo das recomendações.

Cenários de Adaptação

Devido à incerteza climática persistente, as medidas de adaptação nas zonas de montanha limitar-se-ão ao desenvolvimento resiliente do clima. Isto significa que as chamadas estratégias 'noregret' são necessárias independentemente da direcção ou magnitude da mudança. O desenvolvimento resiliente ao clima inclui três componentes: redução vulnerabilidade, minimizando o risco sem depender de um futuro climático específico, reforçando a resiliência para que o inesperado possa ser superado, e aumentando a capacidade de adaptação para que as comunidades possam assumir o controlo informado sobre o seu futuro (Ensor 2009).

Será crucial aumentar os nossos conhecimentos a fim de reduzir a incerteza e permitir o desenvolvimento de medidas de adaptação que abordem os riscos climáticos específicos que estão fora da variabilidade climática histórica. Os cenários seguintes são os cenários baseados no conhecimento construído.

- Gerar conhecimentos sobre impactos, forças motrizes da vulnerabilidade e mecanismos de adaptação, e disseminar entre as partes interessadas a diferentes níveis
- Opções de adaptação de testes (por exemplo, culturas resistentes à seca, sistemas de irrigação melhorados)
- Elaborar um quadro político que permita às comunidades enfrentar e adaptar-se
- Estabelecimento de estações de monitorização hidrometeorológica
- Realizar estudos de impacto e sensibilidade (por exemplo, modelos de culturas ou sensibilidade dos recursos hídricos)

Opções de adaptação

Redução do risco de catástrofes e previsão de cheias: As inundações são a principal catástrofe natural que agrava a pobreza na bacia do Ganges, onde vive metade dos pobres do mundo. Os avanços técnicos na previsão e gestão de cheias oferecem uma oportunidade para a cooperação regional na gestão de catástrofes. A cooperação regional na gestão transfronteiriça do risco de catástrofes deve tornar-se uma agenda política. a preparação é essencial para reduzir a potencial destruição de catástrofes naturais (www.disasterpreparedness.icimod.org).

Apoio à adaptação liderada pela comunidade: Uma abordagem à vulnerabilidade e adaptação a nível local é o processo 'bottom-up' liderado pela comunidade, construído com base no conhecimento, inovações e práticas locais. A tónica deve ser colocada na capacitação das comunidades para basear as adaptações a um clima e ambiente em mudança nos seus próprios processos de tomada de decisão, e no desenvolvimento participativo de tecnologia com o apoio de pessoas de fora. Por exemplo, os nómadas tibetanos já notaram o início da Primavera e mudaram os iaques para prados alpinos mais cedo do que anteriormente praticado. Os agricultores nas planícies aluviais do Bangladesh constroem casas sobre palafitas, e os agricultores nepaleses armazenam sementes de culturas para a recuperação pós-catástrofe. Deve ser dada prioridade aos grupos mais vulneráveis como as mulheres, os pobres, e as pessoas que vivem em habitats frágeis (por exemplo, ao longo das margens dos rios e em encostas íngremes).

Planos de acção nacionais de adaptação (NAPAs): Os NAPAs estão actualmente a ser preparados por países por iniciativa da Convenção-Quadro das Nações Unidas sobre Alterações Climáticas. Espera-se que (a) identifiquem os sectores mais vulneráveis às alterações climáticas e (b) dêem prioridade a actividades para medidas de adaptação nesses sectores. Os NAPAs precisam de prestar mais atenção a sectores como água, agricultura, saúde, redução de desastres e silvicultura, bem como aos grupos mais vulneráveis.

Gestão integrada dos recursos hídricos: A preparação para catástrofes e a redução de riscos devem ser vistas como parte integrante da gestão de recursos hídricos. A gestão integrada dos recursos hídricos (GIRH) deve incluir futuros cenários de alterações climáticas e ser escalonada das bacias hidrográficas para as bacias hidrográficas. A atribuição de água a agregados familiares, agricultura e ecossistemas merece especial atenção. Armazenamento da água.

7.2 Medidas de adaptação:

Seguem-se as medidas de adaptação recomendadas para fazer face às alterações climáticas na bacia do Ganges.

Aumentar a produtividade da água:

O aumento do rendimento por unidade de água utilizada ajudará a facilitar a adaptação, facilitando ao mesmo tempo o desenvolvimento económico. As principais opções políticas para aumentar a produtividade da água incluem 1) melhoria da criação de culturas; 2) facilitação da alocação intra-sectorial e ligações de mercado; e 3) facilitação das transferências inter-sectoriais.

Melhorar a criação de culturas

Houve ganhos significativos na produtividade da água para as culturas básicas (isto é, arroz e trigo) através da criação de culturas ou modificação genética. Como tal, é provável que os ganhos de produtividade adicionais da criação de culturas sejam marginais. Os esforços futuros devem concentrar-se na geração de culturas com maior resistência aos impactos das alterações climáticas, tais como secas e inundações e maior tolerância ao sal, e maior produtividade para as culturas alimentadas pela chuva (Molden e Oweis 2007). Isto pode ajudar a resolver o problema da segurança alimentar da bacia do Ganges devido às alterações climáticas.

Facilitar a atribuição intra-sectorial e as ligações de mercado

As modificações das práticas agrícolas e culturais aquáticas serão um elemento importante de adaptação na bacia do rio Ganges. Isto pode incluir a substituição de culturas de maior valor destinadas ao mercado de exportação por culturas básicas actualmente em cultivo. A transferência de água para culturas de maior valor (i.e., açúcar e leite). Uma variedade de insumos técnicos, financeiros e de formação será necessária para implementar tais estratégias a diferentes escalas. Adicionalmente, o investimento na transformação e comercialização de produtos agrícolas, incluindo a redução de resíduos na cadeia de mercado, ajudará a aumentar os retornos por unidade de água utilizada (Lundqvist et al. 2008). Globalmente, os esforços para facilitar as estratégias de atribuição intra-sectorial devem ser prosseguidos com o quadro mais amplo da bacia.

Facilitar as afectações inter-sectoriais

Para além das oportunidades de melhorar a produtividade dos recursos hídricos no sector agrícola, existem oportunidades para aumentar a produtividade da água, transferindo-a entre os sectores agrícola, industrial, dos ecossistemas e do turismo (Phillips et al. 2008). Na bacia do Ganges, aproximadamente 90% da água é utilizada para a produção agrícola (FAO 2000). Embora reconhecendo a importância da agricultura para a segurança alimentar global da região e para a subsistência rural, os retornos económicos das culturas básicas e de exportação em algumas partes da bacia são relativamente pequenos em comparação com os retornos dos sectores industrial e de serviços (Bhattrai et.al; 2009). Dentro deste processo de atribuição, é igualmente importante uma cuidadosa selecção e promoção da indústria de alto valor/baixo impacto. Além disso, a atribuição de água para energia hidroeléctrica deverá assegurar recursos hídricos adequados para os sectores da agricultura, indústria, ecossistemas e turismo a jusante. Facilitar a alocação estratégica inter-sectorial exigirá o desenvolvimento de instituições fortes e equipas de investigação interdisciplinares que possam aumentar a compreensão da produtividade da água entre sectores e desenvolver e implementar planos para a utilização estratégica da água.

Desenvolver e gerir conjunctivamente os recursos hídricos

Desenvolver "novos" recursos hídricos

Como as alterações climáticas ameaçam alterar o abastecimento de água na bacia, o desenvolvimento de recursos hídricos adicionais que vão desde a recolha local de água da chuva a nível da comunidade e a recarga de águas subterrâneas até transferências intra-bacia e mesmo transferências de água da bacia serão utilizadas para satisfazer a crescente procura de água nos países ribeirinhos. Todos os países situados na bacia de Ganga desenvolveram planos ambiciosos para a interligação das principais bacias hidrográficas com o objectivo de mediar inundações e secas frequentes e transferir os fluxos excedentários da região oriental para as bacias hidrográficas escassas no Sul e Oeste. Além disso, melhorias na gestão das águas residuais na bacia podem proporcionar oportunidades de reutilização da água e enfrentar alguns dos desafios enfrentados no sector da saúde devido à poluição (Qadir et al. 2008).

Gestão Conjuntiva dos Recursos Hídricos

Até à data, os recursos de águas subterrâneas e de superfície em todo o mundo são muitas vezes geridos separadamente. medida que aumenta o conhecimento sobre a localização e interconectividade dos recursos de águas subterrâneas no Ganges, é fundamental que estes recursos sejam geridos e regulados conjuntivamente com eles.

Melhorar a utilização estratégica do continuum de armazenamento

O repensar do armazenamento de água a uma escala mais vasta na bacia do Ganges será imperativo para assegurar recursos hídricos adequados para as necessidades de saneamento, agricultura, industriais e ambientais. As decisões relativas ao tipo, dimensão, colocação e funções das futuras instalações de armazenamento devem ser tomadas no contexto estratégico mais vasto da bacia como um todo. Por exemplo, a colocação de instalações hidroeléctricas de maior escala nos vales mais incisos e mais altos deverá resultar em reservatórios com perdas de evaporação relativamente menores à medida que as temperaturas na bacia aumentam (Bhattrai et. al; 2009).

Para além de ter em conta as características físicas actuais e os potenciais efeitos das alterações climáticas, as discussões sobre o aumento do armazenamento da água a nível local, nacional e internacional devem incluir todo o espectro de opções de armazenamento natural e artificial. As medidas de adaptação devem considerar abordagens para proteger e restaurar a capacidade de armazenamento natural na bacia e actualizar as infra-estruturas existentes (Smith e Lenhart 1996).

Apoio à gestão de risco

Permitir a adaptação dentro da bacia do Ganges exigirá esforços para apoiar e melhorar a gestão do risco desde o nível local até ao nível global. As opções políticas específicas que contribuem para este objectivo incluem a melhoria e expansão dos sistemas de alerta precoce, o fornecimento de acesso ao crédito e seguros, e o investimento em educação e formação para facilitar a colaboração e permitir a procura de meios de subsistência alternativos (Bhattrai et al; 2009).

Melhorar e expandir os sistemas de alerta precoce

Os sistemas de alerta precoce constituem um mecanismo importante na bacia do Ganges para reconhecer e responder às circunstâncias em mudança, incluindo eventos extremos como ciclones e tsunamis, bem como secas, inundações e surtos de doenças. No Sul da Ásia, o Bangladesh tem estado activo no desenvolvimento e aperfeiçoamento de um sistema de alerta precoce. O sistema é de baixa tecnologia, mas altamente eficaz. Utiliza voluntários baseados na comunidade que fornecem educação sobre a preparação para catástrofes e estabelece comités de grupos para aviso de catástrofes, primeiros socorros e socorro. O sistema do Bangladeche continua a ser aperfeiçoado. Como resposta à subida do nível do mar, o governo está a trabalhar para aumentar a altura e a força dos abrigos de ciclones nas zonas costeiras.

Aumentar o acesso ao crédito e aos seguros

A diversificação do rendimento das famílias tem sido notada como uma componente importante da capacidade adaptativa (Moench e Stapleton 2007; UNDP 2007). Os esforços de adaptação a nível comunitário através de transições intra ou intersectoriais requerem frequentemente crédito e/ou seguros para compensar os custos e riscos destas importantes transições.

Na Índia, tem havido uma história de seguros agrícolas, tendo o programa mais recente, o National Agricultural Insurance Scheme, tido sucesso misto em termos de cobertura e viabilidade financeira (Moench e Stapleton 2007). O Bangladesh e a Índia começam também a examinar oportunidades de combinar microfinanças e microcréditos com seguros para eventos extremos, incluindo terramotos, secas e inundações (Moench e Stapleton 2007). Além disso, Moench e Stapleton (2007) indicam que podem ser desenvolvidas ferramentas de seguros para encorajar mudanças nos comportamentos "de risco". Através do envolvimento activo com a indústria seguradora, os gestores da água podem utilizar as taxas de seguro e o acesso à cobertura para "desencorajar o investimento em regiões vulneráveis ou para encorajar mudanças de actividades vulneráveis para actividades menos afectadas pelas alterações climáticas" (Moench e Stapleton 2007).

Investir na investigação, educação e formação

A adopção de abordagens adaptativas à gestão de recursos exigirá investimentos significativos na educação e formação em investigação para preencher lacunas de informação sobre as circunstâncias em mudança na bacia, desenvolver líderes equipados para a colaboração interscalar e inter-sectorial, e permitir a procura de meios de subsistência alternativos. Cada sector tem necessidades de investigação, educação, e formação. Por exemplo, no sector agrícola, há necessidade de reforçar a investigação sobre o desenvolvimento de genótipos "adversos ao clima" e sistemas de utilização do solo para assegurar uma produção alimentar adequada. A biotecnologia e os instrumentos modernos de tecnologia da informação, tecnologia espacial e comunicação têm um papel importante a desempenhar neste sector (Rai et al. 2009).

Referências:

Agnihotri, A. a. (2011). Previsão da ocorrência de precipitação diária de monções de Verão sobre Karnataka. Biblioteca Wiley Online.

Dyurgerov, MD; Meier, MF (2005) *Glaciares e Sistema Terra em Mudança: A 2004 Snapshot,* Boulder (Colorado): Instituto de Investigação Árctica e Alpina, Universidade do Colorado.

Chung, E. D. e Ramanathan, V. 2006. Enfraquecimento dos Gradientes do SST do Norte da Índia e das Chuvas da Monção na Índia e no Sahel. Journal of Climate Scripps Institution of Oceanography, La Jolla California.

Eriksson M., Jianchu X., Nepal S., Shrestha A., Sandstrom K. , Vaidya R.; 2007 The Changing Himalayas, Impact of Climate Change on Water Resources and Livelihoods in the Greater Himalayas, ICIMOD.

Eriksson, M., X. Jianchu, A.B. Shrestha, R.A. Vaidya, S. Nepal, e K. Sandstrom. 2009. The Changing Himalayas: Impactos das alterações climáticas nos recursos hídricos e meios de subsistência nos grandes Himalaias. Kathmandu, Nepal: Centro Internacional para o Desenvolvimento Integrado das Montanhas.

Organização das Nações Unidas para a Alimentação e Agricultura (FAO). 2000. Base de dados Aquastat, http://www.fao.org/NR/WATER/AQUASTAT/ main/index.stm (acedida a 29 de Junho de 2009).

Hewitt, K (2005) "The Karakoram anomaly? A expansão do glaciar e os 'efeitos de elevação' do Karakoram Himalaya'. Mountain Research and Development 25(4): 332-340.

IPCC. (2007). A Base das Ciências Físicas. Contribuição do grupo de trabalho 1 ao Quarto Relatório de Avaliação para o Painel Intergovernamental sobre Alterações Climáticas. S. Solomon, D, Qin, M. Manning et. al. . Cambridge, Reino Unido e Nova Iorque, NY, EUA.

Lee, E. C. (2008). Modelo de avaliação da relação observada entre El Nino e as monções de Verão do nordeste asiático utilizando o sistema climático comunitário Atmosfera comunitária. Geófilas. Res., 113, D20118.

Lee, E. C. (2011). Efeitos da irrigação e da actividade vegetal na variabilidade das monções do início das monções de Verão na Índia. San Diego CA92182: Departamento de Geografia, Universidade Estatal de San Diego.

Liu, SY; Ding, YJ; Li, J; Shangguan, DH; Zhang, Y (2006) "Glaciares em resposta ao recente aquecimento climático na China Ocidental". Ciências Quaternárias, 26(5): 762-771.

Lundqvist J., C. de Fraiture, e D. Molden. 2008. Poupar Água: Do Campo para o Garfo - Reduzir Perdas e Desperdícios na Cadeia Alimentar. SIWI (Stockholm International Water Institute) Policy Brief. Estocolmo, Suécia: SIWI.

Molden, D. e T.Y. Oweis. 2007. Caminhos para aumentar a produtividade da água agrícola. Em *Água para a Alimentação, Água para a Vida: Comprehensive Assessment of Water Management in Agriculture*, ed. Molden, D. London, Earthscan, e Colombo, International Water Management Institute.

Moench, M. e S. Stapleton. 2007. Risco Climático e Adaptação da Água. Documento de trabalho 2007-01. Programa cooperativo sobre a água e o clima. Países Baixos.

Mool, P (2001) *Glacial lagos e inundações glaciares,* ICIMOD Mountain Development Profile, MDP#2. Kathmandu: ICIMOD.

Novo, M. L. (2002). Um conjunto de dados de alta resolução do clima de superfície sobre áreas terrestres glaciares. Pesquisa climática, 21 :1 - 25.

Qadir, M, D. Wichelns, L. Raschid-Sally, P. G. McCornick, P. Drechsel, A. Bahri, P. S. Minhas. 2008. Os desafios da irrigação de águas residuais nos países em desenvolvimento. A gestão da água agrícola. Elsevier Press.

Phillips, D.J.H., Allan, J.A., Classen, M., Granit, J., Jagerskog, A., Kistin, E., Patrick, M. e Turton, A. 2008. O projecto Transcend-TB3: Uma Metodologia para a Análise de Oportunidades Transfronteiriças da Água. Preparado para o Ministério dos Negócios Estrangeiros, Suécia.

Rai, M., S.S. Acharya, S.M. Virmani, P.K. Aggarwal, ed. 2009. Estado da Agricultura Indiana. Nova Deli, Índia: Academia Nacional de Ciências Agrícolas.

Ruosteenoja, K., Carter, T.R., Jylha, K. e Tuomenvirta, H. 2003. Clima futuro nas regiões do mundo: uma intercomparação de projecções baseadas em modelos para os novos cenários de emissões do IPCC. The Finnish Environment 644, Instituto Finlandês do Ambiente, Helsínquia, 83 pp.

Rupa Kumar, K., Sahai, A.K., Kumar, K.K., Patwardhan, S.K., Mishra, P.K., Revadekar, J.V., Kamala, K., Pant, G.B. (2006): Cenários de alterações climáticas de alta resolução para a Índia para o século XXI. Instituto Indiano de Meteorologia Tropical, PUNE. *Current Science*, Vol. 90 (3), pp. 334-345.

Shrestha, A.B., C.P. Wake, P.A. Mayewski e J.E. Dibb, 1999: Tendências máximas de temperatura no Himalaia e arredores: uma análise baseada em registos de temperatura do Nepal para o período 1971-94. *J. Clim.*, 12, 2775-2786.

Smith, J.B. e S.S. Lenhart. 1996. Opções de política de adaptação às alterações climáticas. *Investigação Climática* 6: 193-201.

Trenberth, K., D. Stepaniak, e J. Caron, 2000. A monção global tal como vista através da circulação atmosférica divergente. *Journal of Climate,* 13, 39693993.

Xu, J; Shrestha AB; Vaidya R; Eriksson M; Nepal S; Sandstrom K (2008) *The changing Himalayas. Impacto das alterações climáticas nos recursos hídricos e meios de subsistência nos grandes Himalaias*. Kathmandu: ICIMOD.

Zhao, L; Ping, CL; Yang, DQ; Cheng, GD; Ding, YJ; Liu, SY (2004). 'Mudança de clima e solo sazonalmente congelado nos últimos 30 anos no planalto tibetano de Qinghai- China'. *Mudança Global e Planetária* 43: 19-31.

Anexo

Anexo 1 Mudança na escala do pico e temporal da monção indiana.

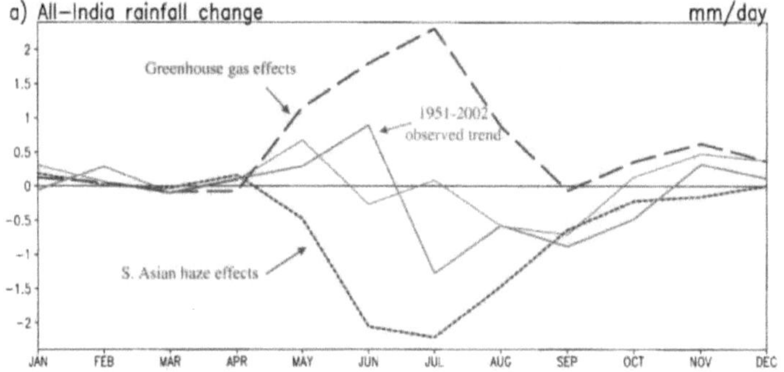

Anexo 2 Aumento do SST do Oceano Índico.

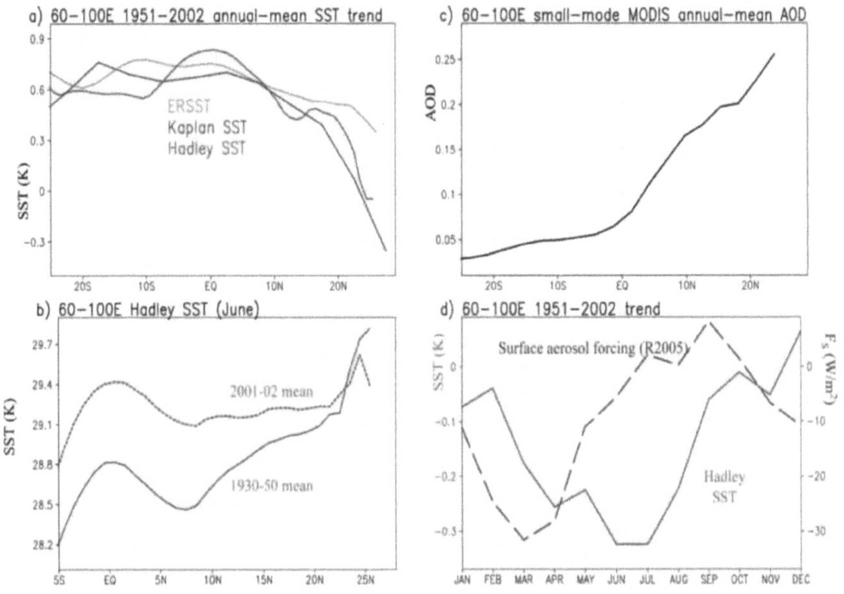

Anexo 3 Precipitação na Índia, Observada, SST gradiente e aquecimento uniforme do oceano indiano.

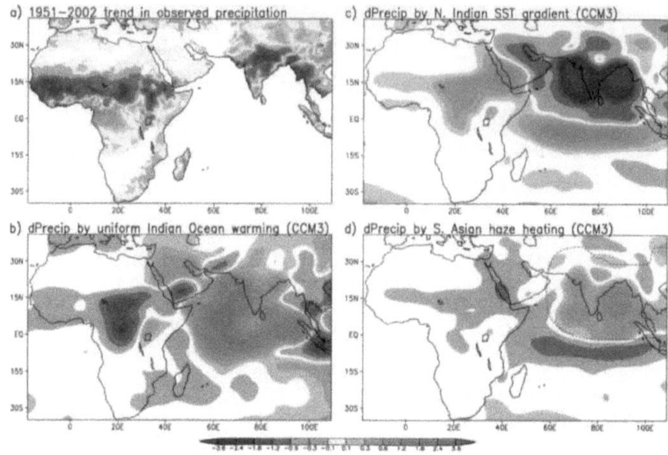

yes
I want morebooks!

Buy your books fast and straightforward online - at one of world's fastest growing online book stores! Environmentally sound due to Print-on-Demand technologies.

Buy your books online at
www.morebooks.shop

Compre os seus livros mais rápido e diretamente na internet, em uma das livrarias on-line com o maior crescimento no mundo! Produção que protege o meio ambiente através das tecnologias de impressão sob demanda.

Compre os seus livros on-line em
www.morebooks.shop

Printed by Books on Demand GmbH, Norderstedt / Germany